韩李李 著

和你在一起

 世界图书出版公司

上海·西安·北京·广州

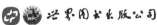

U0381621

胡猫猫给阿拉兔的一封信（代序）

亲爱的阿拉兔：

展信好！

距离上次相见，已经过去两年的时间了。我们在青海三江源共同经历的一切，至今让我难忘。我很感谢韩李李老师和胡老大给了你我相识和共事的机会，虽然未曾主动联系，但我还是会常常想起你。

那一年，从青藏公路到班德山，从沱沱河大桥到通天河口，甚至从办公室到伙房，处处都留下了许多美好的回忆。胡老大平时太忙，难得有机会把我带去远离尘世的地方。当我第一次身处母亲河的源头，我强烈感受到了自然的伟大，以及她给予人类的恩泽；当我第一次面对那么多自由栖息的野生动物，我深刻地认识到，每一个生命都是平等的，都是值得敬畏的。

我很幸运，韩李李老师用她的画笔，不仅为我创造了高大帅气的形象，还把我的点滴足迹和收获都一一记录了下来，让我在和胡老大东奔西跑的时候，能够敲打、提醒他一下，不要忘记曾经去过的地方，不要忘记当时的感动带给我们的决心和力量。由此，也让我对你和韩老师的相处方式产生了好奇，这个在我心里埋藏已久的问题，终于有机会在这封信里提出来。有时候我会觉得你就是她，你的言行举止，你为自己制定的近乎严苛的环保规矩，都和她一模一样。可有时候我又觉得你不是她，你是一个独立的个体，因为你的存在是韩老师很重要的精神支柱，你能够理解她，支持她，陪伴她。韩老师选择的这条路，注定是坎坷且孤独的。

在胡老大的眼里，韩老师是一位生活在云端的"高人"，唯有远眺和仰望，才能更清楚地看到韩老师所作所为的意义和目的。他们认识五年了，在这五年的时间里，世界依然按照大部分人的意愿，以惊人的速度发生着改变，当然这其中也包含了一个"重大事件"，就是我胡猫猫的出现以及和你的相遇。我把自己看得那么重要是有原因的，首先，我的出现让胡老大学会了和自己内心产生连接，看自己，审视自己和感受外在的世界同样重要；其次，我和你的相遇，让胡老大对韩李李老师有了新的认识和理解。五年的时间如白驹过隙，但一件事情，一个信念能够坚持五年不变，那是不容易的，更何况，韩老师的坚持，远远不止五年。

我曾经很认真地问过胡老大，在他心里，韩老师是怎样的一个人呢？是艺术家？是环保主义者？是素食主义者？胡老大并没有立即回答我，他说我们很容易也很习惯按照自己的理解去定义别人，如同我们看待自己也很难做到全面及客观，因为我们总是把自己放得很大，看得很重。他说以他目前对世界和人生的认知，没有资格去评论韩老师，在他眼里，韩老师可以是任何一个人，因为她的心中有大爱，她承载了对整个世界和对所有生命的爱，唯独没有她自己。胡老大说，他还没有这份勇气和决心去做和韩老师一样的事情，他在敬佩韩老师的同时也很担心她，因为能够真正理解、善待和支持她的人，能够和她一样坚持、一样砥砺前行的人，毕竟还很少。所以，他让我给你写一封信，希望你在陪伴韩老师的同时，也能让自己变得更强大。

我们又即将在《和你在一起》中相遇，我很愿意听听你和韩老师的故事。我想，我可以在你们的故事里，找到胡老大无法给我的答案。

　　阿拉兔，如果下次你要去很偏远又很艰苦的地方，记得一定要告诉我。我担心你找不到吃的，我可以给你送一筐会唱歌的胡萝卜。

你的好朋友：胡猫猫

韩李李为胡歌创作的卡通形象——胡猫猫

胡猫猫的好朋友——阿拉兔

文中的"胡老大"——胡歌

本书作者——韩李李

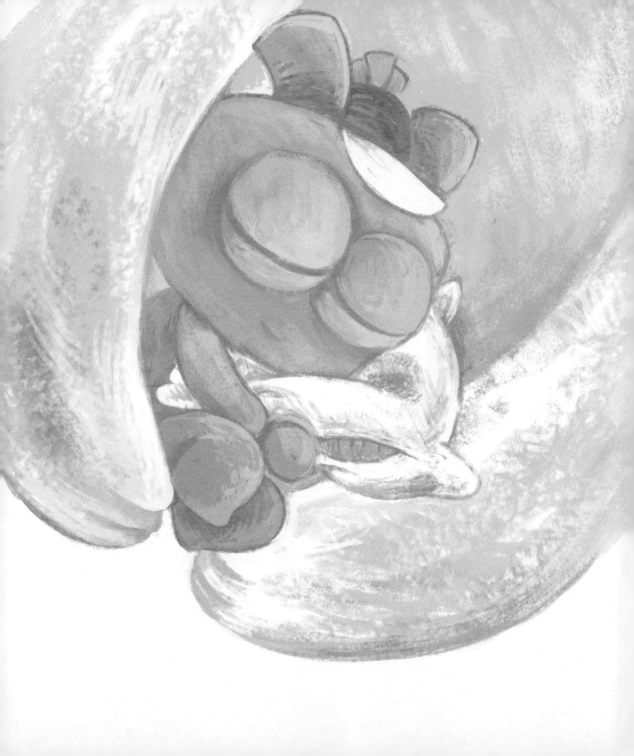

我存在的意义
就是为了
温暖你

2007 年 11 月 3 日　星期六　心情

李李说

也许我从小就希望有一个兄弟姐妹陪我玩吧
到今天我才发现
只是羡慕和期待没有用
必须拿出行动来
于是就自己给自己画了一个生日礼物
这个很像我的小兔子
从今天开始陪伴我成长
开心和伤感
烦恼和喜悦

像我这样一个脑子里充满各种问题的孩子
确实需要这样一个傻傻的小伙伴
来看看自己的内心
看看自己做了些什么

兔兔说

大家好
我叫阿拉兔
拉肚子的拉
我是李李的生日礼物
也是李李给大家的爱的礼物
谢谢大家喜欢我的表情包
以后也会做更多有爱的图送给大家哟

我每天都很努力

努力……

好似上紧了
发条的
小仓鼠

一直一直……

不停敲

直到

我停下脚步

我才突然发现

原来……
没有东西可以永恒

它流走

它干涸

它凋零

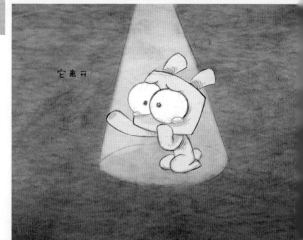

它离开

一直以为
幸福在远方

在我努力追逐的
未来……

现在才知道……

那些拥抱过的人

握过的手

挨过的捧

拌过的嘴

唱过的歌

想念过的家常菜

一起许下的原望

甚至……

流边的泪

于是
我闭上眼

我看到了
幸福

2008 年 11 月 3 日　星期一　心情 ☼

兔兔说

一直埋头往前走
就一定很快到吗?
也可能走错路呀对不对?
还得看看来往的车呀对不对?
反正我知道自己是个经常迷路的孩子
所以我经常会停下脚步
看看自己的脚下
还是不是当初出发时想去的路呢?

李李说

又过生日啦
又长大一岁了呢
这一年以来有没有进步呢？
有没有离梦想更近？
还是已经放弃了呢？
每次过生日的时候
看看又长大了的自己
便会自问
有没有做得更好？
有没有对得起
无私给你阳光、空气的美好自然？
有没有辜负妈妈这么多年的辛苦？
任何一个理由
都比吃个好吃的蛋糕
更重要

李李和她的小作品
摄影　贾杰

2009年3年28日
和阿拉兔一起
熄灯一小时

阿拉兔的"地球一小时"宣传片
当时国内还很少有人知道"地球一小时"
阿拉兔是看到一个公益小广告
立马开始创作的
当时很多人还不理解这是什么活动
现在看起来还挺逗

2009 年 3 月 28 日　星期六　心情

兔兔说

每年都会有些纪念日和主题日
就像今天的"地球一小时"
这是提醒我们
并不是只有这一个小时才关爱地球
而是要拿出行动
做一点改变
比如自己带水杯、筷子、手帕和环保袋
多以蔬菜和水果为食物
不管是对自己还是对地球
都是很好的选择

希望从今天起
每天给自己一小时
关上所有电器设备
静静地和自己在一起
和自己的心在一起

我相信
当你付出爱
你看到的世界就会不一样
慢慢的你会发现
你有能力付出爱
是多么幸福的事

"地球一小时"由世界自然基金会于2007年在澳大利亚发起
现已成为一个全球参与的规模最大的环保行动
地球一小时呼吁公众、政府和企业等
在每年3月最后一个星期六晚上8点半到9点半
关掉不必要的灯和其他耗电设备
以表达对气候变化的关注

兔兔说

又过生日了
这些我爱的
老老的
旧旧的
终究都会慢慢离去吧

李李说

小时候觉得过生日好开心呀
大家围着你庆祝
有好吃的
有好玩的
有礼物
可是慢慢的我发现
有什么好庆祝的呢?
妈妈为我们的到来受了无尽的苦
我们想要的那些
即使给你带来快乐
也只是转瞬即逝
但是我们为这个世界
带来了什么呢?
嗯
不能总想着自己想要什么
有很多更有意义的事情需要做呀
每一份索取都想想是不是必要
每次购物也想想是不是真的那么需要
每一个选择都能尽可能地不伤害地球
不伤害其他生命
如果因为你的爱
给大家带来美好
多好

兔兔说

我们每年都会有很多吸引大家购物的节日
也会有很多过剩的礼物
以及多到不可想象的快递包装
可是
节日的意义只是这些礼物吗？
你有多久没有好好陪伴你的亲人朋友们？
多久没有拥抱他们？
如果可以
只要给我一个拥抱就足够
减少不必要的消费
对我们
对地球
都是最温暖的节日问候

2010 年 6 月 5 日　星期六　心情

兔兔说

又一次沦陷在雾霾中
可是除了带口罩
看空气污染指数
抱怨环境给你带来的种种不适
我们还能做些什么？
在今天这个世界环境日
请认真回想一下你为环境做过什么？
除了向自然索取和追求方便舒适的生活
你究竟为我们的小星球
做了些什么呢？
指责或点赞
都不如
改变
从现在开始

李李说

人总是愿意挑自己喜欢的事情去做
对自己不愿意做的事情
就常常不自觉地把责任或者希望推给别人
有的人不开车
或是愿意支持用新能源车
有些人对一次性制品深恶痛绝
看到别人用一个塑料袋就正义指责
但是自己却连多素少肉都很难接受
有人可以做到吃素
却心安理得地
用着各种一次性消耗品

我们如果能不再互相指责
也不再选择性失明
把责任推到其他人身上
是不是会更美好呢？
每一个爱的选择
都是非常美好和温暖的事呀
你也许已经开始行动
甚至是积极的环保行动者
但是除了现在做的这些
还能再做一点点努力吗？
比如少吃一点肉
少用一个塑料袋
少买一瓶塑料瓶装饮料
少开一次车
少开一次空调
试试使用手帕
随身携带餐具、水杯和环保袋
再小的力量都是力量
我们花出去的每一分钱都是投票
都是在为你想看到的未来投票
我们想看到的世界
是和平、快乐、美好、健康的
相信你也是
因为
我们只有一个地球
不是吗？

23

2010 年 6 月 19 日　星期六　心情 ☀

李李说

最近的身体出现了有史以来最严重的问题
听着医生说的话
回想着年纪很轻就去世的父亲
以及身体状况同样不乐观的他的兄弟姐妹
我觉得
现在可能轮到我了吧
既然时间不多了
那我要把所有的时间都用在更有意义的事情上
我不能浪费时间了
我觉得生命的意义不在于长度
而在于能付出多少温暖和爱
这样才更有意义呢
嗯
从今天开始
我要更加努力
把我能用的时间都用来保护环境和动物
用来帮助他人
即使生命只剩下很短的时间
也要为能给大家带来美好而努力
我觉得这样才安心
才不会留下太多遗憾
能为爱而活着
才是最幸福的事吧

2010 年 11 月 3 日　星期三　心情 ☼

李李说

幸福不是得到一个名贵的包包
也不是享用一份美味的大餐
买得到的东西可能让你幸福一阵子
而我觉得真正的幸福是付出
当他人需要帮助的时候
你有能力给予爱
真的很幸福
选择做一个善良的人
选择做一些温暖的事
看起来很简单对吧
那就请试试看吧
每一天都这样做
我想
你自己的内心
也会越来越幸福

有人说
每个人心里都住着一个小天使和一个小恶魔
你的每个选择
是交给天使还是恶魔呢
成长就是在慢慢降伏自己心里的小恶魔
从内而外地做个天使
多好

难道节约用水只能少洗少用?

难道节能减排只能步行?

种植谷类蔬果所需的能源
远远少于饲养牲畜所需要的
吃素一天每人减排的二氧化碳
相当于一片小树林
一天吸收的二氧化碳量
你可能都不会想到
你每吃一块牛排
都会加速地球变暖

难道不种树就不能保护森林了？

难道节电只能少开灯？

地球上每年消耗大量一次性筷子
而这些完全可以
用可循环使用的筷子代替

为了制作纸杯
每年要砍伐大量的树
消耗很多很多的水
和足够供应好几万户家庭照明的能源

虽然我数学不好
但是我知道
少吃一天肉
少用一次性制品
随身带上环保袋、筷子和水壶
每一个我们力所能及的小小举动
都可以让每天是植树节

兔兔说

这一年的时间
好像变得比以前更快
但似乎又更有意义啦
我们做了更多的事情
除了到第一现场及时救助有限的生命
还开始了用自己的画笔宣传
让更多人知道我们可以做些什么
也努力宣传和参与了改善环境问题
帮助了更多的动物
至少从自己开始努力
这一年的生日
兔兔更开心啦

李李说

每一天都用在有意义的事情上
用来服务他人
而不是只用来取悦自己
心里越来越富足
越来越开心啦
我们想要成绩好
就要努力学习
同样
我们希望看到的世界更美好
也得要努力
不是吗?

李李和第一代阿拉兔毛绒公仔

摄影　海德娜娜

2011年11月7日 星期一 心情

大家好
我叫伊拉熊
我身体超强壮呢
除了有鼻炎

我叫阿拉兔
我今天没有睡懒觉
是迷路了
才会迟到的

我……我……
我没有名字
我的爸爸妈妈被塑料袋杀死了
还没来得及帮我取名字
……

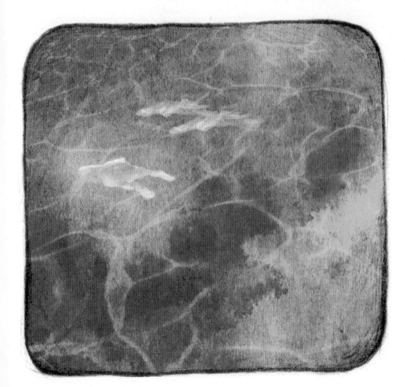

6500万年前
地球上的重大变化
让很多生物包括恐龙都灭绝了
而海龟却在严酷的环境中
存活了下来
如今
我们制造并频繁使用的
塑料袋
却让它们危在旦夕
海龟
正在濒临灭绝……

兔兔说

现在每年有大量的塑料废弃物流入海洋
当我得知这样的消息
心情特别复杂
海龟的主要食物是海洋中漂浮游动的水母等软体动物
而现在海洋中大量漂浮的塑料袋
造成了它们的大量误食
很多海龟因此失去自由和健康
甚至生命

但这一切都是可以改变的
不是吗?
我们随手可得的塑料袋等一次性制品
在几十年前不是都没有吗?
我们小时候拿着可以循环使用的篮子买菜不也非常开心吗?
其实我不觉得有什么习惯是一定很难改变的
从用篮子和包袋装东西到用塑料袋装东西
不也是一个习惯的改变吗?
如果一个力所能及的改变可以让世界变得更温暖
我愿意立刻努力做出改变
如果我们随身携带一个可以循环使用的布包
每天至少能减少一个塑料袋的使用
再小的力量也是力量
我相信一切都会因为我们小小的努力
开始变得美好起来
如果你看到这里
也愿意放一个小小的布袋在你的包里
请让我替小海龟
深深地
拥抱你

兔兔说

今天是2月29日
也是"国际罕见病日"
欧洲罕见病组织于2008年发起
旨在促进公众对罕见病及罕见病群体所面临问题的关注
罕见病是患病人数占总人口的0.65‰～1‰的疾病或病变
罕见
但决不能视而不见
那些不幸
也一定能因爱改变

（在没有2月29日的年份，
罕见病日为2月28日）

李李说

感恩这特别的一天
让我在几年前开始关注这样一群人
开始通过画笔
告诉大家对罕见病朋友的关爱
后来意外发现
原来我十多岁时就已经去世的父亲
得的就是罕见病
而我参与支持的
北京爱力罕见病关爱中心
就是和我父亲一样的病友们所创办的
在父亲离开之后
我曾有很多年一直处在内疚和自责中
觉得自己当时完全没有能力帮助父亲
只能眼睁睁地看着他被病痛折磨
慢慢离开我们
但是现在
却能因为这样巧妙的因缘
无意中帮到一些和父亲一样的病友
虽然是很微小的力量
真是非常感慨
我相信
父亲知道的话
也一定会很欣慰

关注重症肌无力关爱中心
付出你的爱和温暖
李李在为重症肌无力大会绘制爱的主题签到板

YES! I'M VEGAN!
没错！我就是吃素的！

李李说

在家园遭受灾难之前
我们大多数时候都沉浸在自己的小烦恼和琐事中
没有意识到我们正在拥有什么美好
我们破坏的又是什么

让我们一起加油
珍惜每一个美好
每一天都是"地球日"
我们
为爱而来

兔兔说

"世界地球日"在每年的4月22日
旨在唤起人们爱护地球和保护家园的意识
促进资源开发与环境保护的协调发展
进而改善地球的整体环境
在地球日快要结束的时候发布这幅图
阿拉兔是想告诉大家
不只是今天才需要关爱地球

你也试试看
从少用一次性筷子和杯子开始吧
从每一件小小的事情开始吧

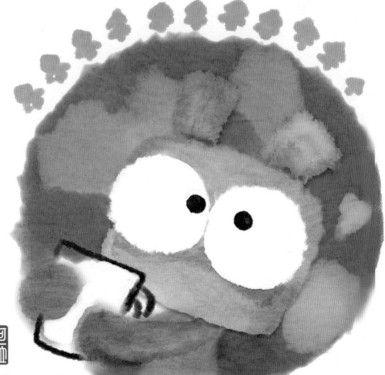

不管怎样
只有一个地球，不是吗？

韩香香 2012.4.22

兔兔说

今天是"国际生物多样性日"
每一个物种都有存在的意义
与人类息息相关
美好的明天在于今天的选择
保护物种多样性
共享美丽地球家园
野生动物的保护
并不只是保护一个会卖萌的物种那么简单

李李说

如果被人打你会感觉疼吗？
如果你知道自己要被吃掉是什么感觉？
如果你的双眼被不停地滴入各种化学用品
如果你每天都有一个永不能痊愈的伤口
……
为什么我们自己有这么多节日
给动物朋友的
却是伤害呢？
请用一天时间
哪怕一分钟
闭上眼睛想象一下
自己也在经受它们正在经历的痛苦
再次睁开眼睛的时候
你对它们的感受
是不是会有些不一样呢？

@阿拉兔

2012年6月5日　星期二　心情 ☀

兔兔说

今天是"世界环境日"
也是中国传统节气——芒种
让我们试着"种下"小小的好习惯吧
用水杯取代一次性杯子
用毛巾或者手帕替换纸巾
用自己的环保袋购物
减少使用塑料袋
用随身餐具
拒绝一次性筷子
用美好的语言对待你今天见到的每一个人
用微笑温暖整个世界
感谢上海人民出版社的齐老师和编辑楼姑娘
阿拉兔的第一本绘本在这么美好的日子和大家见面
绘本是绿色印刷产品
赠品是非常可爱的手帕
每一个小小的改变
都可以收获更美好的未来
你也来加入吧

在《新民地铁》上连载两年后
阿拉兔的第一本绘本终于出版了
感谢所有帮助、支持和喜爱阿拉兔的朋友们

韩李李 著

随书附送
精美环保手帕！

它是一只80后女兔子，貌普通通的小白兔一枚。
故事地、可爱、调皮、论漫善感等等，不安现状、荔湿游湿
它有一 最美的搭档——其实我们都喜的——
她说，我是生活在妮都有着里的灰色小人物，
虽说，我爱我们的小星球

新民地铁　　　　腾讯动漫　　腾讯微博　韩李李

"种下"小小的
好习惯

韩李李 2012.6.5

2012年6月16日　星期六　心情

兔兔说

爱是神奇的魔法
差点被活埋的罕见病患狗宁宁
来"别吃朋友"的小院一个月了
被爱紧紧拥抱的它
已经不会因为头疼而无助地大叫了
听力似乎也有些恢复
各种情况都在慢慢变好
小宁宁加油哟

李李在"别吃朋友"团队的工作基地和志愿者们一起救助罕见病患狗宁宁
摄影　解征

爱和温暖
一直都在

汪汪！
我是小宁宁的幼儿园

李李说

我们说 我爱狗狗
如果它不会那些违反生理习性的表演
我们还爱吗？
如果它长得没有隔壁家的狗狗萌
我们还爱吗？
如果它天生有残疾或者意外受伤了
我们还爱吗？
就如我们曾经帮助过的这只罕见病患狗宁宁
因为天生看不见、听不见
头疼得每天大叫
在主人活埋它的时候被救下
在隔离期间
我把小纸箱画成可爱的幼儿园
虽然它是看不到
但是我们对它的爱
我相信它一定能感受到

2012 年 6 月 19 日　星期二　心情 ☀

兔兔说

很多朋友问我
不吃肉会不会营养不良
会不会没力气
请看阿拉兔吧

李李说

我听到过一个感人的问答
在我们做"别吃朋友"爱动物主题唱讲会时
有位学生问"别吃朋友"团队的创办人解征
你吃素会不会营养不良
解征说
从很多吃素的例子来看
包括我们也有很多吃素的医生朋友
他们都可以从专业或经验的角度说明
吃素不会营养不良
我不是专家
没有专业数据
但是我想说
即使吃素会让我营养不良
我还是会选择吃素
因为对我来说可能只是会瘦弱一些
或者需要去补充营养素
但是对动物来说
我们选择吃肉
它们失去的
将是整个生命

我叫鲁伯特
我小时候受了伤
现在的我
笨笨的……

我真的很努力
可是
我什么都记不住

直到我遇见你
亲爱的弗兰西
当我看到你被禁锢了22年的
病弱身躯

我懂了
我存在的意义
就是为了
温暖你

在你所剩无几的时间里
陪你一起嗑瓜子
晒太阳
看星星

但是
这可怕的一天
还是来了
我明明看见了
我们俩的影子
却再也看不见你了

终于
我等到了这一天
我找到了你
这里不再有人
要强行取你的胆汁
不会有人束缚你
只有那么爱你的我
永远陪伴你

兔兔说

没有悲伤
没有疼痛
我不要你的胆汁
也不要看你表演
我只要你开心快乐
　　　　　你
就是我的朋友
　　　　爱
是最好的礼物

李李说

几年前听到活熊取胆
我就努力绘制能帮助熊熊的各种画
直到第一次来到亚洲动物基金的黑熊救护基地
对熊熊们的认识才有了无法想象的深入

小时候脑部受伤的鲁伯特刚来到中心
任何小事都记不住
但每天都会找弗兰西
去草地上晒太阳、嗑瓜子、看星星
冬天的时候还会帮她暖床
在笼子里关了22年的弗兰西
身体情况实在太糟
最终离开了我们……
鲁伯特坐在他们一起看星星和嗑瓜子的草地上
背对着我们
低着头一动不动
不久
他也离开了我们……
我只能用我的画去怀念他们

月亮熊嘉士伯
在被铁笼束缚、强行取胆汁15年后才得到解救
但是他却无私地关爱和鼓励着每一只来到中心的熊
也给每一个探访者、工作人员和志愿者
送上自己的笑容……
他们的爱是如此真诚而纯净

今天是七夕
把这一组画送给大家
我相信改变对待动物的态度
要从每一件小事开始
除了做志愿者
转发或者讲述给不知情的朋友
也是一种温暖的传递吧

扫码关心更多熊熊

为月亮熊嘉士伯作画

当年关着弗兰西的小笼子

安葬在一起的鲁伯特和弗兰西

2012 年 9 月 19 日　星期三　心情 ☼

兔兔说

总有些事情
有些人
让我们忍不住心生烦恼
但是没关系呀
还有那么多美好的事情
和爱你的人呢
我们不要去纠结那些伤害你的人
而是把时间用来珍惜美好的事情和爱你的人吧
如果还有时间
再去多爱些你不认识的
却很需要帮助的人
或者动物
还有我们的自然
这样一想
我们要做的事情可真多呢
对于之前那些不如意的小事
我才没空去难过呢
更何况
正是那些看似不够完美的事情
才让我们变得更美好呀
感谢如意或不如意的一切
感恩遇见你

哪个人让你落泪
　　不重要
重要的是
　　哪个人让你重展了笑颜

 韩李李 2012.9.19

兔兔说

这可能是我最有意义的一个生日了
兔兔作为"别吃朋友"团队的志愿者
参与了今年的全国公益巡演
每一场演出都在为动物朋友和环境发声
每一场的收入也都捐给了当地的动物保护机构
就如今年的主题
"了解他，了解爱"

我们相信大家都是善良的
但是大多数人却因为习惯或者跟着潮流去做选择
并不了解也没有想到
环境和动物会因为我们的选择而经受痛苦
我们的努力
都是为了让大家了解那些不经意间造成的伤害
希望那些伤害不要再发生
也希望大家能喜欢这样和平又温暖的选择

扫码观看更多故事

李李说

是呢
好幸福
人生开始变得越来越有意义
是呢
时间就应该用在让世界变美好的事情上
不是吗

李李在"别吃朋友"全国公益巡演的路上赶制各地活动的宣传海报
摄影　解征

2012 年 12 月 3 日　星期一　心情

兔兔说

刚刚没穿外套出去溜达了一圈
快冻死的感觉啊
狼狈地逃回家后对着取暖器蹦了好久
才慢慢缓过来
刚要准备吃饭
想起在外面寒风中流浪的猫猫们
这种天气
它们哆哆嗦嗦
还要饿着肚子
肯定不好受吧
先去给它们送点猫饼干吧
嗯
明显发现
这次出门就没有刚才那么冷了呢
心里有爱就感觉好温暖

心中有爱
暖烘烘

李李说

当你付出爱
你会发现
你自己也被爱包围了
一切也都越来越美好
这就是爱的魔力吧

韩李李 2012.12.3

兔兔说

经常有人说兔兔多管闲事
比如人家卖猫卖狗也是做生意嘛
《中华人民共和国动物防疫法》规定
所有肉制品都要有动物检疫合格证
才能运输和出售
中国乃至全世界
都没有猫养殖场
猫市只能靠偷家猫和流浪猫来保证货源
必然不可能拥有卫生检疫证
除了素食者
每个人都有可能吃到猫肉

为爱而来

你的刀叉
伸向我
我都为你的冷漠
而难过

李李说

有些人说
你不去好好画画
不认真做你的雕塑家
也不参展
来凑热闹做什么救猫救狗的事情
还冲出去献血小板
是不是多管闲事?
我想说
我确实是一个画画的
也会做点雕塑
但是
首先我是一个人
而且我想做一个善良的人
如果我的努力
能让世界变得更美好
哪怕一点点
都是值得的
需要帮助的人和动物
能够得到一点点帮助或关爱
都是值得的
如果做不到那么好
哪怕能让他们的状况不再变得更糟
也很欣慰

我不知道你们说的末日是真是假
我只知道我的每一天
都是末日

我不想玩
只有人类
才能看懂的游戏

李杰 2012.12.19

2012 年 12 月 19 日　星期三　心情

我不知道
你们说的末日是不是真的
我只知道我的每一天
都是末日

它们被迫表演那些
只有人类才看得懂的节目
我们看到的
正是被痛苦和恐惧所控制的它们
就像面对其他折磨一样
它们能选择的
只有屈服或者死去

2012 年 12 月 20 日　星期四　心情

我的妈妈
你们叫她大衣
我的姐姐
你们叫她毛领
我的弟弟
你们叫他围巾

每年有大量的动物
因为那一圈毛领
或者衣服、鞋子、帽子上的装饰
被生生剥下皮毛
失去生命

拒绝皮毛制品吧
哪怕只是小小的一块
也曾是鲜活的生命
就像你帽子上的那一圈毛领
也许并不能给你带来多少温暖
但是
它可能就是
一只小狐狸的妈妈

也许你不曾想过
在使用一次性筷子的时候
我们的小星球
发生了什么……

我没有草地没有
森林,我只有一块
越来越小的冰

2012 年 12 月 21 日　星期五　心情

小树变成一次性筷子
每买一件小东西
都会有一个塑料袋
我的朋友们一个又一个
上了餐桌

不只是今天才需要关爱地球

你也可以试试看
从少买塑料瓶装饮料开始吧
从少用一次性筷子和杯子开始吧
从一餐素食开始吧
从一个环保袋开始吧
从随身带手帕开始吧
再小的力量都是无限能量
从今天开始
和阿拉兔一起
多爱地球一点点

兔兔说

有一只小猫
因不明原因的腿部旧伤
做了股骨头切除手术
它不乱叫
打针也不挣扎
乖乖地配合医生和护士的治疗
勇敢地面对每一天
照亮了我们的生活

但是这样一只小猫
如果在暴雨前夕
没有人把它带回家
现在的它会怎样呢？
如果你也看到一个受伤需要帮助的生命
请不要轻易转身离开

韩甜李 2013.1.10

李李说

朋友Penny在领养了我之前救的流浪猫之后
在暴雨来临前捡了这只受伤的小瘸腿猫
给它起名叫"茄子"
它脾气好到腿疼得发抖也不吭声
到医院才知道是被人打伤的
股骨头已经粉碎且坏死
令人疼惜
希望其他的流浪动物
不要再受到伤害

平静地接受股骨头切除手术的小流浪猫"茄子"

2013 年 2 月 1 日　星期五　心情 ☀

兔兔说

我想
这个春节也不要放烟花爆竹吧
我觉得有新鲜的空气很美好
楼下的猫咪也怕惊吓
快要过年啦
让我们的小树、空气、城市、绿地
山山水水
猫猫狗狗
都和我们一起过个好年吧

2013 年 2 月 7 日　星期四　心情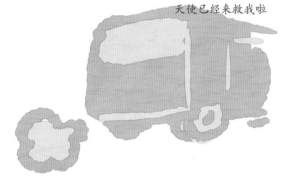

这是我们第一次相见
撞我的车子早就逃逸
我乖乖地躺在路边
我知道
他们是来帮我的
我不怕

刚才的车撞了我却开走了
我不生气
你一定有急事吧
或者有什么难处
真的
我不生气
会有人帮我的
你看
天使已经来救我啦

我不想让他们担心
虽然很疼
但是我不怕
我可以忍住

医生叔叔给我检查
叫我站起来看看
虽然很疼
我努力了

什么是气胸
什么是骨折
我不懂哎
虽然医生叔叔帮我检查的时候
我感觉很疼
但我还是努力忍住了没有叫
我只是觉得
什么都不要紧
他们会帮我的

好了
一切安顿好了
我要住院了
帮我的叔叔阿姨、哥哥姐姐们走了之后
我实在忍不住
终于叫出了声

我真的很感谢他们
我真的不想让他们为我担心

希望他们没有听到我的叫声
我真的已经尽力忍了

不过我没事
我稍微叫几声就好了
我有了新名字
我叫小塘
我会好起来的
因为我知道
这个世界上还有人爱我

清早
电话铃声把我吵醒
以我在"别吃朋友"小院工作以来的经验判断
这么早就把我叫醒
一定不是小事
果然
村口的司机叔叔发现了一只被车撞伤的小狗
他怕小狗在路中间再次被来往车辆误伤
慢慢地将小狗移到路边
守着它
等着我们的到来
肇事车辆早已逃逸

扫码了解更多"别吃朋友"的故事

我们到的时候
发现这只小小的狗狗
安静地趴在地上
发现我们过去时
它努力抬眼看着我们
外表看起来并没有明显伤痕
我们去抱它的时候
它也没有吭声
但还是把它送去了医院

一路上
小狗躺在我们的怀里
乖乖的
安静地看着我们
应该没有大碍吧
如果是很疼的内伤
它应该早就叫了呀
而且我们抱它的时候也会不小心弄疼它吧

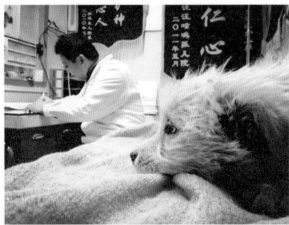

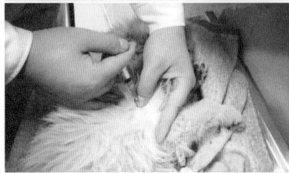

解征在路上
给它起了个名字叫"小塘"
到了医院
医生给小塘检查
小塘也没吭声
非常配合
医生摸了它的身体后
我们才知道
它已经是气胸
后腿也骨折了
其实医生的意思
是告诉我们它伤得很重
但小塘就这样默默地看着我们
非常信任和安心
没有叫过一声
直到医生说要住院

接着我们送小塘去了病房
安排了所有的照顾和治疗方案
然后和小塘告别

在屋外
我们忽然听到了它的叫声
突然我的眼泪又止不住了
一定很疼吧
懂事又坚强的小塘
你一定会很快好起来的

为勇敢懂事的小塘塘加个油吧
希望它能顺利度过这48小时的危险期
继续接受治疗
早日康复
也不知道早上撞了它又逃逸的那位司机
有没有再想起过它

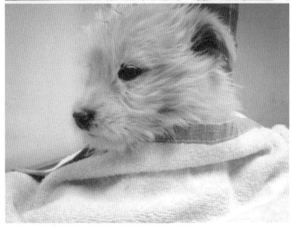

现在，懂事的小塘已经在领养人家里开心地生活了好几年啦，也希望所有的生命，都能得到快乐和自由。

李李在"别吃朋友"的"他喊不出的痛"动物罕见病主题沙龙上做视觉设计和拍摄志愿者

摄影　懒龙-龙骨

兔兔说

又到了每年2月的最后一天
国际罕见病日
你知道吗
除了人
动物也会有罕见病

比如白虎
就是患白化病的老虎
折耳猫
其实是骨骼变异的患者
但是一些商家为了眼前的利益
利用这些患者的特别之处
甚至刻意强化畸变的基因
进行人为的繁育
它们的痛
是喊也喊不出的痛

我相信
你不是真的想伤害它们
你也想帮助它们

不支持罕见病动物的销售和表演
了解它们
了解爱

兔兔说

你品尝着甜甜的滋味
我却听到大自然的叹息
你可知道
你随手抛弃的每一个塑料瓶
都带着对自然的永久伤害?

李李说

今天是母亲节
也是五年前那个超级大地震的纪念日
记得我们小时候的课本中
经常把大地比作母亲
可是

母亲无私地给了我们这么多
我们不能总是回赠给她垃圾吧
我们制造了很多母亲无法处理的东西
只是为了自己方便
这些罐子、饮料瓶、塑料袋、一次性筷子
用一下可能只有几分钟
但是它们的降解时间可能要几百甚至上千年
而且即使是初步降解之后的物质
依然是对自然有害的
有时候
我们在抱怨天灾无情的时候
是不是也应该想想
这不是我们自己慢慢造成的吗?
所以
你是不是可以放下你手中的饮料瓶了呢?

李李用大家丢弃的一次性包装制品制作的系列雕塑

阿拉兔守护日志

2013年5月19日　星期日　心情 ☀

世界上有一种很淡定的鸟

它们每年要飞越近9000米高的喜马拉雅山

第一次鸟类调查

吐旦大哥等等我！

喘

海拔4600米

不畏寒冷

零下5度

帽子

手套

冲锋衣

为三餐
各种忙碌

不畏寒冷

没有网瘾

专心孵蛋

这里随便拍拍
都是美照
好想发微博
显摆啊

不被信号打扰

通天河营地
没有手机信号
只能靠对讲机
和保护站联系
这几天大风
对讲机也"歇"了

你看不见我
我与世隔绝中……

79

不需要电

快点
开会要迟到啦

无电四人组

被大风
吹倒的太阳能板
和断了的电线

它
不是野味

它是世界上
飞得最高的鸟之一
——斑头雁

我不会伤害它
相信你也不会

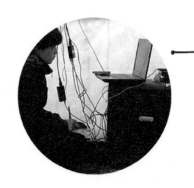

在难得有电的时段
抓紧画画的作者

每天早起沿崖壁步行3小时
数鸟和拍鸟的"哆嗦"小分队

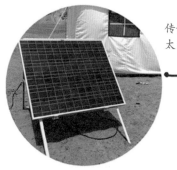

传说中的
太阳能板

唯一可用的现代联络工具
对讲机

在绝壁上筑巢的
勇士们

冰天雪地里的
斑头雁夫妇

觅食二人组

阿拉兔对你说

你有多久没有离开手机和网络了？
有没有试过一个月不用电话？
这样安静又美好的草原和天空，
实在太让人喜欢了呀！

每天听着鸟叫醒来，
看着雪山喝咖啡　真不愿再回到快节奏
和压力巨大的喧闹都市了呢！

李李在去班德湖鸟类调查点的路上看到最多的野生动物之一就是旱獭。这是回来之后画的铅笔淡彩。

李李说

野生动物的保护
人为干预越少越好
我们不会阻止狐狸或者黑颈鹤
去吃斑头雁的蛋
但是
我们要阻止人类吃野味
我们有很多食物可以选择
爱自然
就尽可能选择
不破坏和伤害自然的生活方式吧

李李和绿色江河的志愿者们一起在漂流艇上巡护、做鸟类调查

2013 年 6 月 7 日　星期五　心情 ☀

兔兔说

近50名志愿者在三个营地守护46天后
萌萌的小斑头雁宝宝们陆陆续续出生啦
兔兔在这次的守护斑头雁行动中
看着它们毛茸茸、呆头呆脑的小模样
真是感觉再苦再累也值得呢

兔兔说

最后一轮驻守的营地——杰比湖
也即将撤营了
兔兔也将回到繁华的上海
但是这段没有网络和电话信号
靠太阳能供电取暖
自己打水和点牛粪做饭的日子
才是充实又安心的时光

李李说

每次看到这张
在通天河营地的太阳能蓄电池上画画的工作照
就开心得想笑
能用自己的这点小技能
向大家传递自然的美好
实在是太幸福了
看着野生动物们在天地间与自然和谐共处
再想想我们自己
我们原本有这么好的环境和生态
却不珍惜当下的美好
每天追逐一些无止尽的欲望
是不是可以慢下脚步想一想
自己真的需要这些吗？
得到了之后会不会真的开心呢？

李李在"绿色江河"的守护斑头雁行动中用手绘形式记录志愿者日志
摄影　尹志鹏

2013 年 7 月 27 日　星期六　心情 ☀

兔兔说

好开心又一次来到这里
为保护站设计和制作
"带走一袋垃圾项目"的内容
兔兔来安装啦
这是在格尔木的垃圾回收点
希望有更多经过青藏线的自驾车主们
帮我们带走一袋垃圾
也希望产生的垃圾越来越少
真正呵护长江源头
改善我们和自然的关系

李李和"绿色江河"长江源水生态环境保护站的常务副站长吐旦旦巴一起安装垃圾回收点指示牌

李李说

这里似乎看起来什么都没有
但是
你有天地
有自然
有阳光
有你和你的内心
你慢慢会发现
原先那些你觉得很重要
在拼命追逐的东西
没有也无妨

2013 年 11 月 3 日　星期日　心情 ☀

兔兔说

提倡素食
更多的是种责任
也是我们面对自然的态度
爱护动物
尊重自然
懂得节制
这是人心向善的本性
今年生日有一份特别的礼物
兔兔做的上海素食地图上架啦

李李说

好开心
"上海素食地图1.0版"火热出炉啦
两年多的策划
一年多的踩点、绘制、构图、调整信息
收录了上海49家素餐厅
手写的地址、电话及地铁站信息
还特别做了纯素餐厅标识
环保秸秆纸印刷
不砍树又可以回收秸秆
可张贴宣传
也可折叠随身携带

谢谢小伙伴们的帮助
这简直就是最棒的生日礼物啦

截至本书出版前夕，"阿拉兔的上海素食地图"已经到了第8版，餐厅也更新到了100多家哟。

2013 年 12 月 27 日　星期五　心情

兔兔说

新年快到啦
你会送出礼物吗?
也会收到礼物吧?
对于猫猫狗狗来说
正在流浪或者已经幸运回家的
你
就是它们的全世界
爱
是最好的礼物

李李说

我们可以把钱花在追求名牌
或者奢侈的大餐上
也可以花在帮助有需要的人身上
就看你如何选择
用你的爱
让一只流浪的动物活下来
就是最好的新年礼物吧

当我们看待每一个生命的态度
回到纯净的本真
真诚地付出和帮助
爱它就像爱自己
相信
一切都会变得不一样

兔兔说

亲爱的小狐狸
你为什么眼含泪水
是因为你妈妈不见了吗?
如果没有那一件大衣
就不会有如此伤痛的离别
你
不是皮草也不是毛领
爱
是最好的礼物
不要残忍和伤害
这一个
和每一个冬天

李李说

要过年了
你想回到父母身边吗?
你会买新衣服吗?
不要因为我们的节日
让小狐狸和妈妈分离好吗?
拒绝皮草
不只是不买皮草大衣而已哦
你不曾注意到的毛领
或者很小的皮毛装饰
都是母子分离的残忍见证
我们可以穿棉衣
可以有各种取暖的方式

如果你能设身处地
感受到剥皮的疼痛
感受母子分离的悲伤
我相信你再也不会
追求这样一圈
让人心碎的皮毛

李李的拒绝皮草宣传照片

再小的母亲 也会让小狐狸 好不心疼

2013 年 12 月 30 日　星期一　心情 ☀

兔兔说

即使别人把你看成是餐桌上的那块肉
我也会勇敢地告诉大家
你是我的朋友
我不吃朋友
无论你在何方
我的拥抱一直都在

爱是最好的礼物
不管今天是不是周一
你都可以试着选择
不伤害它们哟

韩丰泰 2013.12.30 岳阳

李李说

我吃了一颗小番茄
把中间的种子
丢了一些在花盆
一个月后
有了这样一盆可爱的小苗苗
但如果你埋下的
是你吃剩下的骨头
长大的
恐怕只有它们的伤心
希望
每一个节日
每一天
都没有血腥和杀戮

李李说

长江江豚是二级保护动物
在过去的两年内数量骤减
如今比熊猫数量还少
被世界自然保护联盟列入极度濒危物种

因为一些项目的开发
当地渔民误捕
以及航运和采砂等过分活跃的人类活动
江豚的最大栖息地将受到毁灭性影响
在寒冷的年末和年初
我们来到这里
只是为了
不希望再有物种
因为我们过度的欲望
而在地球上永远消失

我们需要的
真的有那么多吗？
和其他生命一起好好相处
真的那么难吗？

经过志愿者们的努力和大家的支持
现在的巡护队伍越来越有力量
可扫码查看江豚宝宝们的新情况哟

2013年12月—2014年1月，李李在鄱阳湖和志愿者们一起跨年做污水调查，保护江豚。

摄影　小武哥

兔兔说

我们说再见
是假装告别
明天可以再见
没有离别
只有想念
今昔或来年
爱是最好的礼物

兔兔说

亲爱的小虎呀
新年的第一天你过得怎么样?
新年对你来说开心吗?
我们不要虎骨、虎皮和虎制品
也不要看你钻火圈
或者被强行合影
甚至饿到瘦骨嶙峋
我相信真正快乐的节日
不应该建立在你的痛苦之上
爱
是最好的礼物

李李说

很多父母以为
带孩子去看动物表演
是亲近动物
培养孩子爱自然的方式
其实
如果换做是你
也一定不愿从小被迫离开母亲
终身关在牢笼中任人参观和摆布
或是用铁链和皮鞭
被训练和表演一些违背动物天性的所谓节目吧
你如果能意识到
你花出去的钱
其实是在支持这样的残忍
我相信
你会和我一样
再也不看动物表演

李李说

象牙的三分之一在头骨里
为得到完整的象牙
盗猎者会把大象的大部分头部切掉
即使大象带着宝宝
盗猎者也不会放过

2014年，李李在清迈大象救护中心为受伤的大象做志愿者服务。
在这里，小象安心自在地和小象朋友一起玩，在妈妈怀里吃奶、撒娇，这才是小象该有的生活呀。

2014 年 1 月 2 日　星期四　心情

兔兔说

让小象像小象那样长大
是不是真的那么难？

我不要你的牙齿
也不要看你的表演
新的一年远离忧伤
爱
是最好的礼物

2014 年 1 月 3 日　星期五　心情 ☼

兔兔说

让小猴像小猴那样玩耍
晒太阳
吃果子
到底有多难?

让我们离开实验室
离开马戏团
不要看你踩单车
更不想看你变成一道菜
新的一年远离忧伤
爱
是最好的礼物

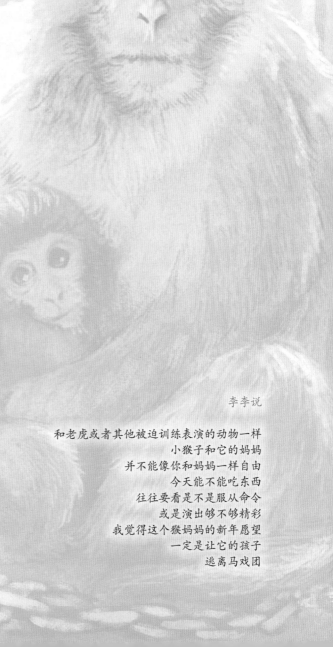

李李说

和老虎或者其他被迫训练表演的动物一样
小猴子和它的妈妈
并不能像你和妈妈一样自由
今天能不能吃东西
往往要看是不是服从命令
或是演出够不够精彩
我觉得这个猴妈妈的新年愿望
一定是让它的孩子
逃离马戏团

李李说

是的
地球能满足我们的需求
但是满足不了我们的所有欲望
我们对自然过度地索取
已经严重扰乱原本平和正常的秩序
看着这个用大家随手扔掉的饮料瓶堆成的北极熊
身体渐渐消逝入地
你是否感受到我们生活中不经意的瞬间
对环境造成的伤害呢

李李用回收的一次性废弃品制作的大型系列环保雕塑——看得见的诉说
摄影 解征

兔兔说

我知道
身边只有你一个人不用塑料袋和塑料瓶
我知道
你身边的素食者也太少了
我知道
可能你会经常听说现在的环境多糟糕
但是只要我们开始改变
一切都会好起来
至少我已经开始行动了
你也要开始了对吧?
再小的力量也是力量
爱
是最好的礼物

兔兔说

我不要你变成皮包
变成鞋子
变成钱包
变成背心
或者手表带
那些都可以用植物材料替代
但是你
无可替代
新的一年远离忧伤
爱
是最好的礼物

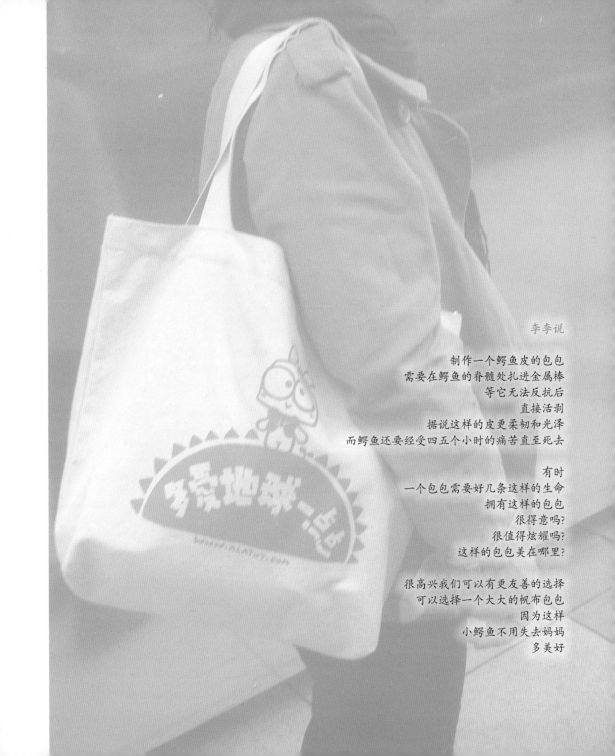

李李说

制作一个鳄鱼皮的包包
需要在鳄鱼的脊髓处扎进金属棒
等它无法反抗后
直接活剥
据说这样的皮更柔韧和光泽
而鳄鱼还要经受四五个小时的痛苦直至死去

有时
一个包包需要好几条这样的生命
拥有这样的包包
很得意吗?
很值得炫耀吗?
这样的包包美在哪里?

很高兴我们可以有更友善的选择
可以选择一个大大的帆布包包
因为这样
小鳄鱼不用失去妈妈
多美好

2014 年 1 月 9 日　星期四　心情 ☀

兔兔说

我知道
你想要一个拥抱
你的草原
你的星空
都已没有原来的微笑
你的角
不是药材
你的家
也不应该在动物园
让小犀牛自由奔跑
爱
是最好的礼物

李李说

当我听到
犀牛因为有这个世界上最贵的角
被不断猎杀
生存环境不断地遭到破坏
有些犀牛种群已经濒临灭绝
有的保护者为了防止犀牛被猎杀而先
锯掉它的角
看到这里
你有没有和我一样
感受到人们荒唐的欲望
我们与动物的关系
不应该只是利用而已吧

本书出版前不久，苏丹——这头世界上最后的雄性北白犀牛也离开了我们，北白犀这个物种宣告野外灭绝。

我不叫鸡块
不叫鸡排
不叫鸡腿
不叫炸鸡
我们也是妈妈的孩子
你可知道?
兔兔说
你不是食物也不是美味
爱
是最好的礼物

韩奎奎 2014.1.11

李李说

小时候有一个问题一直困扰着我
每次过年过节
都是各种动物的末日
我们好似开心地过节
为什么要让它们这么痛苦呢?
蔬菜和水果不是也很好吃吗?

阿拉兔在成都做保护动物分享会时享用的超美味素食大餐

我没有你们想象中那么好斗
我的妈妈被你们切去鱼鳍
回来没有办法游动而窒息了
我们也是妈妈的孩子
你可知道?

兔兔说
你不是食物也不是美味
爱
是最好的礼物

李李说

当我看到被切去鱼鳍的鲨鱼
被扔进海里无法游动
慢慢窒息而死的画面
真是心碎至极
这样残忍的事情
明明可以不发生

李李说

从小不喜欢化妆
当我知道
很多化妆品还含有动物成分和动物活体测试之后
我更坚定了自己的选择
当然
你可以选取更天然的
不用动物测试的洗护产品和化妆品
但是我相信
真正让你变美的
是从你温暖的内心自然散发的美好
是你为世界所付出的爱

摄影 海德娜娜

2014 年 1 月 15 日　星期三　心情　

兔兔说

你们的洗发水和沐浴乳
为何要滴在我的眼睛里
一滴一滴
一天一天
不停歇
我不想我的眼睛烂掉
如果我不能继续的话
就要换我的兄弟姐妹来受苦

但愿
远离忧伤
爱
是最好的礼物

李李说

前几天经过一个商场
突然闻到一股奇怪的
鸭子们的味道
我四处寻找
发现是羽绒服散发出来的
有点奇怪
以前从来没发现羽绒服有味道
是这批衣服才有味道吗？
后来发现
地铁上人们穿的羽绒服
和朋友家的羽绒被
都有同样的鸭子的味道
可能是我不吃不用动物制品多年后
对动物制品的味道变敏感了吧
这也让我深深地感受到
那些可爱的鸭子们
被拔了毛的感受
真是不太好呢
其实我小时候穿的都是棉袄
又暖又安心
不也很好吗？

李李的拒绝羽绒宣传照片
摄影　海德娜娜

2014年1月16日　星期四　心情

我的脖子
我的胸口
我的身上
好痛好痛
我妈妈也是
我弟弟也是
我不明白
为什么你们想要取暖
就要把我身上的毛拔走
我也怕冷
我也知痛
我也是妈妈的孩子
你可知道？

兔兔说
我不要你的羽毛和伤痛
爱
是最好的礼物

李李说

每次有素餐厅开业
我就好开心
有些餐厅会找我画画
我知道自己不是最棒的那个
但是我都会非常用心地去画
满怀感恩和爱
感谢又多了一个没有杀戮的地方
你们的菜谱是和平
感恩这世界上有你一起分享爱和温暖

李李在给朋友的素餐厅画画
摄影 吕颂贤

小鸽子
你为什么不飞呢?
是因为你的妈妈被抓走了吗?
我不明白
不是说你们是和平的象征吗?
可是为什么
对你们没有和平?

兔兔说
我不吃我的朋友
爱
是最好的礼物

这不是只属于两个人的节日

这是一个爱的节日

从今天起

这不是只属于两个人的节日
这是一个爱的节日
从今天起

韩李李 2014.2.14

爱每一个
流浪的孩子

爱每一个
流浪的孩子

爱
陪我漂泊的
水壶姑娘

爱
陪我漂泊的
水壶姑娘

爱每一片落叶

爱每一片落叶

爱
每一缕
缓缓的时光

爱
每一缕
缓缓的时光

爱每一朵雪花

爱每一朵雪花

爱每一阵风

爱每一阵风

用爱拥抱亲人和朋友
我们这个小小的星球
正在等待你的拥抱
你的爱

今天
和每一天
爱
是最好的
礼物

摄影　大头

2014 年 4 月 22 日　星期二　心情 ☼

常常
我们用力爱
但是却不懂爱
我们只关注自己想要什么
但是自然给我们的爱
才是真正的爱吧
爱不是索要
而是无私和给予
我们也应该
多爱地球一点点吧

今天是世界地球日
虽然不是只有今天才来爱地球
但是这样的纪念日
就是在提醒自己
看看自己过去的一年
有没有比之前做得更好一些
慢慢进步
每一个小小的力量都很重要

多爱地球一点点

韩摩摩 2014.4.22

2014 年 11 月 3 日　星期一　心情 ☼

又到生日了
很高兴也很自豪
因为庆祝我的生日时不用伤害生命
我这一年来的成长
是在努力学习如何更好地帮助动物朋友们
帮助改善环境问题
帮助有需要的人们
为所有的一切
送上祝福和爱
即使力量再小
我也相信
你付出的每一份温暖
都会去往
需要的地方

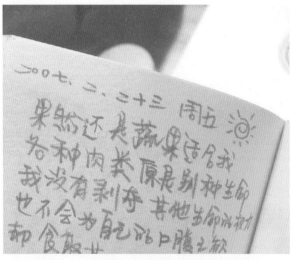

整理工作室时无意中找到的2007年写的日记

兔兔说

今天是春分啦
也是农历的二月初二
叫做"龙抬头"
可是你知道吗?
今天也是"世界森林日"
然而被称为"地球之肺"的森林
却在以惊人的速度消失

我们可以做什么呢?
减少消费
减少对木材和纸张的消耗
减少使用木制家具
尽可能反复使用已经产生的木浆纸张和纸箱
循环利用废旧木材或木制产品
享受自己动手改造旧物的乐趣
使用非木质纤维产品
随身带手帕
简单又好看呢
其实少吃肉也是保护森林
地球上有很多的土地被用来饲养动物
供人类食用
过度的工业化畜牧业
造成了亚马孙热带雨林被大量破坏
而每一件小事的选择
都可以让世界因我们而变得更美好

人生有很多美好的事情值得去做
只是图一时的快活和方便
影响环境又伤害其他生命的事情
一定不美好
用一点点时间
改造一团即将被扔掉的包装纸
或画一片捡来的树叶
环境变好了
心情不也更好了吗?

李李的随手旧物改造——废旧包装盒做的小鸭子和落叶画

李李说

虽然我们在城市里能轻易打开水龙头
随时取得饮用水
但是
李李在长江源头做志愿者的时候就曾经发现
人类活动对水资源的影响比想象中的还要大
我们生活中产生的垃圾和污水
包含化学成分的洗发水和沐浴露
对我们的大地和水源都是一种污染
我们把家里的水龙头装上高级滤水器
但还在天天往地里和水里"投毒"
这是怎样的循环啊?

随时关闭水龙头
节约用水
或者循环使用水进行不同的工作
少制造垃圾
尽量少买加工食品
带水杯和环保袋
尽量少用或不用含石油化学成分的日用品
改用茶子粉、无患子等天然植物洗护剂
少吃肉多吃素
生产动物性食品需要的水
比生产植物性食品要多得多

从每一件小事开始行动起来
哪怕只是一点点
都是你给予自然和其他生命的温暖和爱

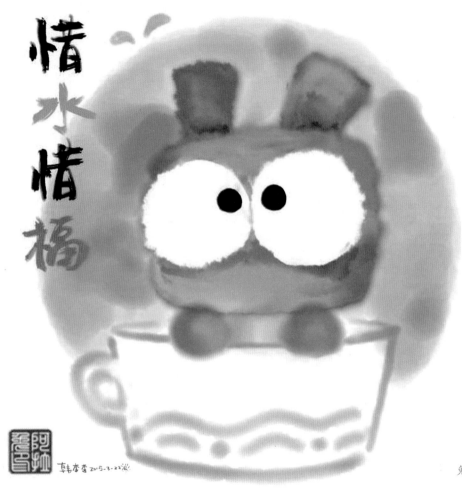

惜水惜情橘

韩李李 2015-3-22

兔兔说

今天
2015年3月22日是第二十三届"世界水日"
希望大家关心水、爱惜水、保护水
意识到日益严峻的缺水
对生活造成的深刻影响
世界上仍然有很多人无法获得经改善的水供应
我们是不是该做些改变呢？

2015 年 5 月 15 日　星期五　心情

我出生在繁殖场
他们说我有
先天性心脏病

现在我被扔掉了

我知道
我活不久了
刚从车轮下逃出来
又被误诊
现在的我
严重贫血
细菌感染
皮肤病
先天性心脏衰竭

没想到
有一天我也能在
温暖的怀抱中醒来
两个哥哥救了我

大家好
从今天起
我叫"英雄"

虽然我身体还是有点弱
心脏也还是不好
但是我每一天都特别开心
因为我知道
这世界上
还是有人爱我
永远不会抛弃我

谢谢爱我的所有朋友
每一年
大家帮我庆祝生日
还可以一起帮助更多流浪的小朋友
我好开心
因为有爱
大家都越来越幸福

现在
"汪星球"召唤我啦
虽然这一天
来得很突然
但是你们不要难过哦
我一直都在你们身边
我也一直都是你们的
"小英雄"

李李说

这只叫"英雄"的小狗
因为品种的关系
它的父母在养殖场被强迫频繁生育
由于药物的刺激
英雄是只先天就有缺陷的小狗
生下来不久就被养殖场扔到了街边
几经生死
终于重获新生
虽然它因严重的先天性心脏病
过早地离开了这个世界
但是
在它的生命中
充满着我们对它的爱
感谢好朋友Chris为它做的一切
让它带着爱离开
不再怨恨曾经伤害过它的人
也让更多的人知道
不能因刻意追求品种的交易
而使猫狗遭受痛苦
生有别
爱无界

了解更多"TA上海"的故事
选择领养
选择买不到的爱

兔兔说

我的狗狗朋友
没有名贵的血统
不会算算数
不会久站和跳舞
也不会玩那些只有人类才看得懂的游戏
我不要你上选秀节目
我不会拿你向大家炫耀
我只要你像狗狗那样快乐
也希望大家跟我一起
选择领养
选择买不到的爱

2015 年 7 月 16 日　星期四　心情 ☀

别人眼中的好工作
别人口中的好人生
到底是不是你真正想要的呢？

在每一个清晨醒来的时候
为大家送上最美好的祝福
愿你在每一件小事中
每一个呼吸中
找到和这个世界
和自己
最好的相处方式
找到最真实
最美好的自己
也是给这个世界最好的礼物

阿拉兔的微笑卡
用微笑温暖你，也温暖我自己

活出
自己

麦吞 2015.7.16

2015 年 7 月 20 日　星期一　心情 ☀

薪新的一周已经开始
不管有什么样的事情将要发生
不管之前有多大的不愉快和不顺心
当下就是最完美的时光
你就是你自己的"晴天公仔"
只要心里充满阳光
走到哪里都是晴天

阿拉兔的微笑卡
用微笑温暖你，也温暖我自己

心里充满
阳光
哪里里
都是
晴天

李李 2015.7.20

2015 年 7 月 23 日　星期四　心情 ☼

是的
每个人都有撞得头破血流的时候
但是不管发生任何事
这个世界上
都有一种温暖
叫做
别怕
有我在

阿拉兔的微笑卡
用微笑温暖你，也温暖我自己

有一种
温暖
叫做
别怕
有我在

李李 2015.7.23

2015 年 7 月 29 日　星期三　心情 ☀

是的
我不聪明
但是
不用为我担心
真的
这样很好
感恩我的不聪明

阿拉兔的微笑卡
用微笑温暖你，也温暖我自己

我
不聪明

这样
很好

杏杏 2015.7.29

当得到变得越来越容易的时候
更要保持清醒
是的
即使金钱再好
也要记得
不要失去原则
即使财富再多
也要记得
世界上还有比钱更重要的东西
能温暖你的
是浓浓的爱
不是薄薄的纸

为你我许个愿
不忘初心
好不好

阿拉兔的微笑卡
用微笑温暖你，也温暖我自己

不忘初心

李奎 2015.7.31

147

2015 年 11 月 3 日　星期二　心情

兔兔说

今年的这个生日
感谢多位好朋友的帮助
感谢世界图书出版公司
和我可爱的编辑苏靖
这样一份特别的生日礼物诞生了
这不是一本普通的菜谱
每一道菜
没有动物的哭喊
也没有复杂难懂的食材
却都有一份特别的原料
就是爱和感恩
连书籍的纸张
都是用麦秸秆做的
书里的每一页
都是我们对大家的爱
对自然的感恩

我们花出去的每一分钱
都是投票
都是在为你想看到的世界投票
兔兔想看到的世界
是没有杀戮和血腥的
是和平、快乐、美好和健康的
相信你也是

兔兔说

春节将至
大家都将赶赴与家人团聚
流浪的猫狗没有家
漫长寒冷的冬季很难熬

若某天它们主动跟你接触
那是它在自救
它可能受伤
也可能饿到极点

开车之前
请提醒躲在车下取暖睡觉的
猫咪
起床啦

如果它没有威胁到你
请不要对它置之不理
一口饭和一口水都能帮到它
因为错过了
一条可爱的生命也许就此消失

李李说

这是和流浪动物领养平台"TA上海"
一起合作的新年漫画
这些年
不管是野生动物保护
自然栖息地保护
还是救助流浪动物
都有很多不被理解的地方
但是我看到的是更多的支持和鼓励
我们付出的一点点爱心
都能改变它们的整个生命
这中间有些小小的障碍又有什么关系呢?

阿拉兔の
成都素食地图

2016年2月8日　星期一　心情 ☼

兔兔说

赶在猴年的大年初一给大家送上这份大礼
希望所有的朋友们
不管是不是在成都
都能感受到和平而吉祥的蔬食美意
都能为传递素食的美好而感到窝心
祝大家
多素更多福

李李说

好几年前刚吃素的时候
我就许下一个愿望
希望能够为大家绘制全国的素食地图
但是收集资料确实需要付出很多努力
每一份地图所花费的时间比大家想象的还要多
上海的素食地图
前几年一推出就受到了大家的喜爱和支持
然后李李开始着手其他地方的素食地图
经过三年多的努力
手绘版的成都素食地图终于来啦
感谢在成都的卓月姑娘的辛苦付出
不断收集和整理成都的素食信息
才能有今天这份特别的新年礼物
也深深地祝福大家
健康喜悦
和平美好

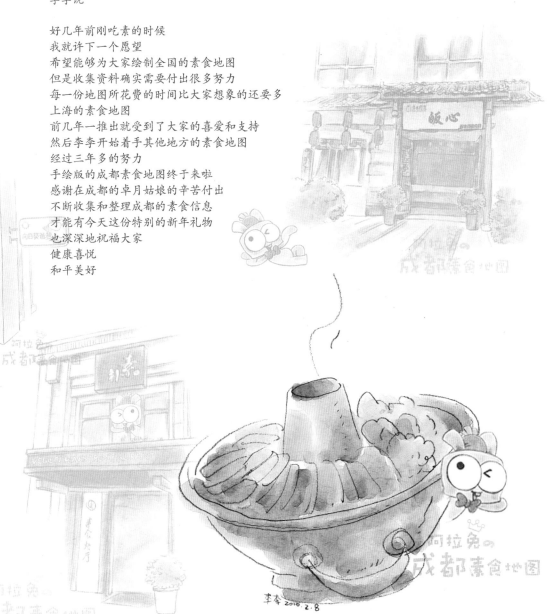

李李 2016.2.8

2016 年 3 月 12 日　星期六　心情 ☀

兔兔说

大家好
忙碌了好一阵子
终于完成了手绘版本的香港素食地图
它将在香港乐活展和素食展上
和大家见面哟

龍

大澳石仔埗街
2985 5338
Shek Tsai Po Street, Tai O

靈隱禪寺 Ling Yan Abbey
大澳羌山道靈隱寺
2985 5725
Keung Shan Village,
Tai O, Lantau Island

大澳小欖園蔬館
大澳南涌村14號
2985 6560/2985 5732
14 Nam Chung Tsuen, Tai O

菜園靜品店 Vegetable Garden
黃大仙翠竹街8號地下
2323 7302
G/F, 8 Tai Fook Road, Wong Tai Sin

大自然素食 Gaia Veggie Shop
黃大仙睦鄰街8號龍蟠苑龍蟠商場1樓
102-103號舖
2557 1771
Shop 102-103, 1/F, Lung Poon Mall,
8 Muk Lun Street, Wong Tai Sin

愛心素食 Go Veggie Express
黃大仙彩虹道19號豪苑商場地下2號舖
2552 7532
Shop 2-13, Unit 2, G/F, Lok Fu Shopping Centre,
198 Junction Road, Lok Fu

Lantau Island

大澳南涌村133
2985 5187/2985 5714
133 Nam Chung Tsuen, Tai O

松齋齋 Chi Lin Vegetarian
鑽石山鳳德道60號南蓮園池
3658 9388
Long Mon Lou, Nan Lion Gardens,
60 Fung Tak Road, Diamond Hill

泰素食 Thai Vegetarian Food
九龍城南角道28號地下
6157 3631/6767 3777
G/F, 28 Nam Kok Road, Kowloon City

松素軒
鑽石山鳳德道60號南蓮園池
3658 9390
Nan Lion Garden,
60 Fung Tak Road, Diamond Hill

他们是我
不是食物

莲花健康素食 Lotus Vegetarian Restaurant
九龍城福佬村道39號地下
2782 6750
G/F, 39 Fuk Lo Tsun Road,
Kowloon City

喜 · 風味 Love Veggie
九龍城太子道西12號
3681 1793
Shop A/1, G/F, Wong Fat Industrial Building,
12 Wong Tai Road, Kowloon Day

愛心素食 Go Veggie Express
九龍城衙前圍道
Talford Plaza, 33 Wai Yip Street,
Kowloon Day

Tichifang Tea House
九龍城衙前圍道
3110 9007
G/F, 1 Wong Ying Road,
Kowloon Day

妙法齋 Miu Fat Cha
上海街妙法寺39號地下
2165 6611
G/F, 97 Miu King St, To Kwa Wan

La Fresco Veggie
九龍城衙前圍道
Shop No.2, 1/F, Enterprise Square,
9 Sheung Yuet Rd, Kowloon Day

正宗印度咖哩全素食品餐廳 Shanmay Indian Veggie Restaurant
Shop A, G/F, Block 2, Hung Hom Garden,
Chau Tsun Street, Hung Hom

阿彌陀佛素食 Amitabha Vegetarian Restaurant
2215 6882
G/F, G 1 & 3 Station Lane, Hung Hom

素雅軒 Vegetarian Hut
5/F, The Metropolis Arcade,
8 Metropolis Drive, Hung Hom, Hung Hom

菜根香素食館 Vegetarian Restaurant
G/F, 25-28 St
G/F, 25 On Sham Blg,
Street, Kwun Tong

2/F, Cooked Food Market,
57 Tsun Yip Street, Kwun Tong

Vegetarian Restaurant
Hoi Yuen Avenue, Kwun Tong

天天素 Tin Tin Veggie
Room 24, 3/F,
Shing Yip Industrial Building,
No 19-21 Shing Yip Street,
Kwun Tong
2366 3346
Shop 17-18,

Dickson Yoga Vegetarian Bar

李李说

真的好激动
心里策划了好几年
又陆续探访了好几年
终于完成了
刚刚发布这份素食地图
西藏的记者就来电话
告诉我这份地图的发布时间好及时
因为马上要进入西藏非常重要的萨嘎达瓦月
很多藏族朋友会在这个月选择吃素
而且今年是闰月
很多人会吃素两个月呢

2016 年 4 月 8 日　星期五　心情

兔兔说

好开心啊
策划了好几年的拉萨素食地图终于完成并发布啦
收录的十多家店铺都是兔兔这几年陆续去拉萨探访过的
因为不了解这些店的现状
所以连老店带新店
一家家又走了一遍
因为时间不够
所以一天要走好多家
真的是暴走呢
有的店好不容易找到却关了
顿时好想哭
不过一切辛苦都不重要
兔兔就是希望
能给大家都爱的这座城
用心画一份这样的素食地图
给在西藏的朋友们
给即将出行的朋友们
给骑行的朋友们
给所有能看到这份心意的你们
希望大家喜欢
感恩所有帮助和支持兔兔的好朋友们
回想整个制作过程
就好像回到了纯净的高原
无限美好
希望你也能感受到

2016 年 4 月 26 日　星期二　心情 ☀

是的
生活就是这样
有时顺心
有时会感觉障碍重重
但即使你再烦恼
事情也不会因此变好
除非你做出努力和改变
是的
相信总有一天你会明白
烦恼
都是自己给自己的
当你的心越清澈
你看到的世界
也会变得更美好

祝福大家
都能与纯净美好的自己
再次相遇

阿拉兔的微笑卡
用微笑温暖你，也温暖我自己

所有
烦恼
都是
自寻烦恼

韩李李 2016.4.26

我的妈妈
你们叫她 红烧肉
可我还是好想念她

我的妈妈
你们叫她 鸡块
可我还是好爱她

我的妈妈
你们叫她 奶牛
如果能让我再见到妈妈
我可以少喝一些奶
不喝也可以
我真的好想妈妈

我和妈妈
我们爱动物朋友们
我们吃素

我爱妈妈
动物朋友们也一样

2016 年 5 月 8 日　星期日　心情 ☀

我不会写夸张的小标题
但是想了好多天
终于画完了这组充满爱的小画
送给你
送给所有的朋友
希望大家能喜欢
让小动物们
都能和妈妈一起过节
让我们从一餐饭开始
选择温暖
选择爱
祝福天下所有的妈妈
天天快乐

2016 年 5 月 20 日　星期五　心情 ☼

兔兔说

每年有数万只穿山甲因为鳞片和肌肉
而遭到持续的非法捕杀
它被世界自然保护联盟
认定为濒危物种
其中在亚洲的中华穿山甲和马来穿山甲
被定为"极危"
离灭绝只有一步之遥

李李说

自从几年前开始了解
穿山甲濒临灭绝以后
我开始关注并努力画画进行倡导
但是真正重新认识穿山甲
是因为好伙伴慧莉
她的身份是著名的动物保护项目
"让候鸟飞"的执行长
我们多年前在北京一个保护野生动物的会议上认识
后来又在做江豚保护项目的时候开始合作
我们一起做不吃野味的春节壁纸以及窗花
进行各种倡导

今年再次见到她时
慧莉生了个可爱的宝宝
也正是这个宝宝
让她知道大家对母乳喂养的需求和误区
以及对穿山甲的伤害
都是一念之间
当她抱着还没满月的宝宝跟我说
要做一个保护穿山甲妈妈的项目时
我立刻猛点头
那个瞬间被感动得流下了泪水
这就是感同身受的爱
她以一位母亲的身份
从心底里想帮助另一位正处于困境中的妈妈——穿山甲妈妈
我们从2016年的"520母乳喂养日"开始
和另一位充满爱的母乳妈妈浮力一起
发起这个"穿山甲妈妈"的项目
每次看到她不得不放下嗷嗷待哺的宝宝
带着志愿者去第一线巡护
每天全时段在群里跟大家同步各种救助信息时
我真的觉得
我能帮上的忙太少了
只有几幅宣传画
和一个穿山甲妈妈的标志而已
但我希望越来越多的人知道并传播这份爱
帮助穿山甲妈妈
也是帮助我们找到自己原本就如此美好的心

穿山甲♥妈妈

欢迎关注和支持
穿山甲妈妈项目

阿拉兔和胡猫猫 的 环保公益行 手绘日志

2013年
阿拉兔和胡猫猫成为绿色江河的志愿者
3年后的今天
阿拉兔和胡猫猫相约
再次来到长江源头做志愿者服务
并一起记录下这次的行程

2016 年 7 月 4 日　星期一　心情 ☀

阿拉兔说

大家也看到
这随手一丢的垃圾
聚集起来真的很惊人
除了不要随手扔垃圾
也希望大家能减少使用
不可短期降解的
一次性制品
和我们一起
多爱地球一点点哟

胡猫猫说

今天这个特别的体验
因为有了具象的数据
我对此行的目的更加明确了
也了解了更多
绿色江河这么多年
一直在坚持的事情

这里有更多阿拉兔和胡猫猫的故事
以及绿色江河的故事哟

1994年

大家好
我是第一头在北方高寒地区
出生的亚洲象滨滨
希望你们喜欢我

不知道为什么
我从小就不能
和妈妈在一起
我甚至不知道
她在哪里

我努力做着
你们喜欢的动作
虽然很辛苦
但是只要你们喜欢
我会努力

终于有一天
我再也不用去表演
也不会被租借出去展览了
我的右牙撞断了
我的脚突然出现了问题
而且越来越严重
已经影响走路
我也越来越虚弱

我好累
也许是时候离开了
那些我从来没有见过的
真正自由自在的森林和草原
妈妈
我来了

我希望
再也不会有小象
像我这样了
希望其他的小象
自由、快乐、不孤独

2013年6月

滨滨
离开了这个世界
终于获得自由

2013年7月

大家好
我是在中国出生的
非洲象豆豆
希望你们喜欢我

小象豆豆今年6岁了
依旧在这个孤独的动物园
希望豆豆
一切都好

2016 年 8 月 12 日　星期五　心情 ☀

李李说

今天是"世界大象日"
你知道有多少大象
正在承受我们制造的不必要的痛苦吗?
李李希望把我们所知道的大象故事
用自己的画笔记录下来
分享给大家

2016 年 9 月 15 日　星期四　心情 ☼

兔兔说

这是一份在长江尾的孩子
送给长江源头的礼物
是一份"饮水思源"的情意
通过这些年来对环保行动的积极践行
李李深深觉得
不管你能不能真正见到长江源头
这每一滴水
都是我们应该感激的

李李说

我经常说
自然给了我们这么多
我们回馈给她的
不应该总是垃圾
于是
我不管身在哪里
都会默默把别人扔掉的垃圾
重新捡回来
重新分类整理
做成雕塑
因为我觉得
有些东西
既然没人要
而且不能短期降解
那我就把它们重新组合
做成大家喜欢的东西
这样不是更好吗?

2016年9月,李李在海拔4540米的长江一号邮局,用回收的废弃品制作和绘制了姜古迪如冰川。
希望所有路过青藏线的朋友们看到这个浮雕的时候,都能更加尊重自然。
摄影　志愿者猴仔和媛媛

兔兔说

这是在2013年
兔兔第一次到保护站时
拍摄到的场景
我们和牧民一起
清理青藏线
和草原上的垃圾
一个月的时间
居然有这么这么多瓶子

这样一瓶小小的饮料
带来的
却是对自然
100年都无法降解的伤害
从那年开始
我从长江尾上海
一次又一次来到这里
从长江源头开始
和其他志愿者们一起
努力用自己的一点点力量
改善我们和自然的关系

李李说

这次刚刚来保护站
路上着凉感冒啦
先休息适应两天
在修建邮局的工地上捡了两块被扔掉的小木板
随手涂完就变成了小作品
这是我们一个重要的野生动物观测点——通天河的断崖哟

又涂了一块小木板
这个和是不是大师没关系
用心用爱画的就是最好
至少现在
这是一块不会被扔掉的板啦

兔兔说

我们看到这些垃圾在大自然中
会觉得很刺眼
但是在城市中
你把垃圾扔进垃圾桶
就没事了吗
环境的压力和伤害
一样存在
自然给了我们
这么多
我们回馈给她的
真的
不能只是垃圾吧

李李说

我曾经是一个参展和获奖小能手
但是这样随手捏一个
大家拍手叫好的美女雕塑
实在不是我想要的
我直接停下了脚步
放弃参加所有的大小展览
甚至停止用对地球有害的化学产品
继续制作雕塑

当我发现
很多我们用过的东西
甚至还没用过的东西
被遗忘和丢弃时
感觉真的好可惜
我相信
没有绝对的废品
于是用学过的专业和我的小小手艺
改变这些废弃品的命运
能够让它们不再被当成垃圾
甚至不去破坏地球环境
不伤害其他的动物
这种感觉太幸福了
这才是我从小喜爱和为之拼命学习的技能
最有意义的用武之地
这比参加什么重大展览
接受什么采访
或者高价卖出去什么艺术品
都要幸福无数倍

2016 年 10 月 23 日　星期日　心情 ☀

今天是"世界雪豹日"
作为一个动物保护和环保的志愿者、积极行动者
兔兔非常感激陆川导演
拍摄了《我们诞生在中国》这样的影片
不管网上有怎样的质疑和不满
我都是非常感动的
能有这样的一个事件
让大家从各种忙碌中重新看到自然
开始关注雪豹、金丝猴、藏羚羊、熊猫、旱獭和其他动物们
为它们的生存状况担忧
并且想要帮助它们
然而更多的感动可能只在影院或观影后的几天里
随着时间的推移
大家又慢慢回到自己原来的生活轨迹
毕竟
不是每一个人都能说走就走
来到雪豹或者其他野生动物的保护第一线
（兔兔也不认为很多人来到现场会更好
毕竟对于野生动物来说
越少干扰它们的生活越好
对志愿者的数量及资质的控制
也在一定程度上保护了栖息地的生态）
但是不能去现场
这些野生动物的保护
就真的和我们没有关系了吗？
我们和雪豹的链接就此中断了吗？
当然不是

你的一举一动
都会对雪豹及其他物种
对远在长江源头的冰川和生态
产生影响

减少垃圾产出和垃圾分类回收
尝试多带水杯、餐具和环保袋
多用手帕
多吃素
多循环使用已经产生的塑料袋
尽量选择对环境没有伤害的洗护产品
践行更低碳的生活方式
每一个小小的行动
都是你爱地球的方式
从今天起
和阿拉兔一起
爱雪豹
爱自然
多爱地球一点点

绿色江河 和 山水自然保护中心
扫码了解更多高原野生动物的故事

2016 年 10 月 24 日　星期一　心情 ☀

你一定和我一样
有很多很多的梦想

我觉得能帮助到他人
能让这个世界变得更美好的梦想
最有意义

因为在朝着这样的梦想前进的路上
一路都充满了爱

能够用自己的爱
让其他生命感受到美好
让世界因你而更美好
哪怕只有一点点
都是伟大的梦想

阿拉兔的微笑卡
用微笑温暖你，也温暖我自己

梦想可以
　　当饭吃吗？
是的！

李杏 2016.10.23

2016 年 11 月 3 日　星期四　心情 ☀

兔兔说

呀
又过生日了
我是多么幸福
能够有机会服务大家
服务这个世界
于是我的心、眼睛、身体
一切一切
每一刻
都和美好在一起
感恩这美好的一切
美好的你

李李说

很多朋友说我变美了
健康了
快乐了
是的
当我发现
有这么多比我的生命还重要的事需要努力时
我的那些烦恼和疾病
都变得很渺小
越来越小
甚至
因为我的疏于照顾
这些烦恼和疾病
都不想跟我在一起了

逃 过厄运
不只是幸运
也有可能蹲下来
我 刚好蹲下来
帮助另一个
生命

2016 年 12 月 19 日　星期一　心情 ☼

也许现在看来
有人让你欢喜
有人让你烦恼
但是我相信
总有一天你会发现
每一个遇见都是美好
是的
我也知道
很多事情
说说容易
做起来可能有点难
但是我知道
你的每一分努力
都是为了让我变得更好
我也是

阿拉兔的微笑卡
用微笑温暖你，也温暖我自己

世界那么大
能遇见你
就是
最美好的
事

杏杏 2016.12.19

2017 年 1 月 1 日　星期日　心情 ☀

兔兔说

新年的第一天
我又来到了这里
和其他志愿者们一起守护长江源
能有如此特别的新年
心怀感恩

李李说

有人说这么冷
又过年
你还乱跑
但是我觉得
用自己小小的能量
帮助动物
改善环境
每一天都能做有意义的事情
多好啊
当需要我的时候
我也刚好有能力付出
就是最踏实的幸福
世界这么大
心里有爱
走到哪里都是家

2017年1月12日　星期四　心情 ☀

李李说

有人问这里的6月都在下雪
1月份去会是什么感受?
我觉得
能有这样一个让我贡献力量和付出爱的机会
即使头发和睫毛都结冰
心里也还是很温暖

在通天河野生动物观测点调查
要问野外冷不冷
我也不会形容
请看照片吧

摄影　灰灰

兔兔说

是呢
对野生动物的保护
最好就是不去影响他们
所以我们装了野外的红外相机
有人问
人家活得好好的
你们为啥要偷窥?
如果我告诉你
红外相机的视频帮助我们观察和发现了
当地的很多珍稀及濒危物种
这个地方的生态非但因此免遭破坏
还变成了自然保护区
你会不会觉得
我们的行动
还挺有意义呢?

和李李一起
去绿色江河做志愿者吧

兔兔说

在日新月异的都市里
除了街道和高楼
更美好的进步
是我们的心开始平静下来
即使在匆忙和繁华的纷扰中
我们也能慢慢开始
重新审视内心
重新聆听自然的声音
重新和这个美丽的星球
好好相处
和动物朋友们再次拥抱
也和我们自己
深深拥抱

李李说

它是全球著名的虎鲸
提里库姆
1月6日
它重获自由
是的
它离开了这个让它伤心和痛苦的世界
在被迫表演的30多年间
几度情绪失控
三次杀人
花钱去海洋馆看它表演的人们
可能已经忘了看过的欢快一时的演出
但是它却付出了一生
这就是我之所以从来不去海洋馆
一直努力呼吁大家拒绝观看动物表演的原因

动物们是我们的朋友

爱它们　　不吃它们

2017 年 1 月 29 日　星期日　心情 ☀

是的
动物是我们的朋友
因为爱
所以不伤害
我爱我的动物朋友们
我不吃它们
在新年来临之际
祝福所有的生命
都得到爱

2017 年 4 月 1 日　星期六　心情 ☼

你还在过愚人节?
可是我觉得爱鸟日才更重要呢

《世界保护益鸟公约》规定
每年的4月1日为"国际爱鸟日"
我们生存的这个小星球
也是因为有了鸟儿和其他不同的生命
才能保持平衡和美好
今天这个日子
和即将到来的爱鸟周一样
并不是我们爱鸟儿的唯一日期

不把野生鸟类宠物化
不盗捕野鸟
不支持野生鸟买卖
让鸟儿们离开牢笼
回到它们自由的家园
这才是真正的爱呀

 "让候鸟飞"旨在保护中国野生鸟类和栖息地的完整
通过搭建中国护鸟网络和公众护鸟响应中心
对正在发生的伤害问题进行调查和干预

鸟儿与自然同在
爱它 请给它自由

2017 年 4 月 21 日　星期五　心情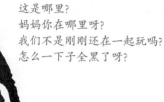

这是哪里?
妈妈你在哪里呀?
我们不是刚刚还在一起玩吗?
怎么一下子全黑了呀?

周围好像也都是猫咪在叫呢

这是过了多久呢?
是过去好几年了吗?
妈妈
你不要我了吗?

好像听到好多人吵架
怎么办?
我是不是再也见不到妈妈了?
妈妈我错了
我再也不淘气了
我听你的话
呜呜呜

哎? 好像有一点点亮光了

呀，你们是谁?
你们是跟刚刚把我们带走的
那个很凶的叔叔吵架的吧?
我妈妈呢?
快把妈妈还给我!

姐姐你终于来看我了呀
我听医生说我经常吃的东西不干净
肠子有点问题了
还长了个疝气包
所以你们抱我的时候我才抓伤了你们
我是真的很疼
我不知道怎么办
我知道可能再也见不到我妈妈了
你们不要再把我扔掉好吗?

医生说我的头被打伤了
所以傻傻的
眼睛也有点问题
你们不要嫌弃我好不好?

从小到大都没有人抱我
只有人打我
把我抓起来恐吓我
妈妈也叫我不要相信别人
我只相信了一次就被关了那么久
真的
我心里还是很害怕

可是姐姐
我知道你对我好
你不要再把我送给别人
你看
我在努力啦
再给我多一点时间
我会努力克服心里的恐惧
虽然现在还是不敢让你们抱
但是至少可以蹭你啦

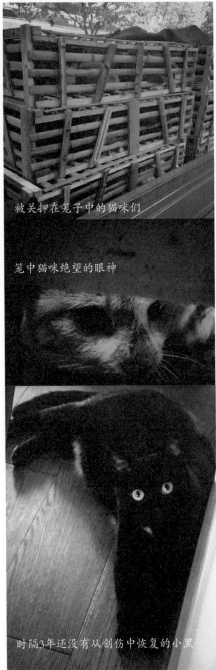

被关押在笼子中的猫咪们

笼中猫咪绝望的眼神

时隔3年还没有从创伤中恢复的小黑

3年前的一天清晨
我和好朋友
流浪动物救助平台"TA上海"的创办人之一Chris
还有其他的志愿者一起
从猫贩子手里救下了满满一卡车的猫咪
除了它们
全国每天还有近万只猫咪
因为非法的皮毛和肉制品交易而遭盗捕……

即使得到了救助的猫咪
也不一定能完全从创伤中恢复
就像至今还留在我家调养的这只可爱的小黑猫
有时候
我看着小黑的眼睛
和至今没有恢复的紧绷的神经
我无法想象
当时600多只猫咪
差不多每20只一起挤在一个扁扁的笼子里
被送上卡车等待运输时
在车里的它们
会有多难熬
它们心里会有多恐惧
它们不敢喊叫
憋到无法呼吸
甚至都不知道
是不是还能再一次见到
明天的太阳
而这种无法想象的伤害
是我们造成的
如果能减少对动物制品的需求
这一切
明明是可以不发生的……

闭上眼睛
并不能减少
别人的
痛苦

行动才能

2017 年 4 月 22 日　星期六　心情

昨天
我在微博上发布了一张壁纸
很多朋友说
好美呀
好温暖呀
但是
这张壁纸的背后
却有一个伤感的故事

云南境内的红河流域
是中国绿孔雀野外生存的最后栖息地
但是这个最后的家园
因为过度的人类活动影响
眼看就快要消失了
如果让这一切这样继续
和绿孔雀一起逝去的
还有其他的珍稀物种
还有我们和自然的链接
今天是"世界地球日"
这个美好的星球
不是只有我们才是主人
所有的动物和植物
一切生命
都应该好好活着
不是吗？
这才是一个完整的家园呀

自然给了我们这么多
可是我们想要的
是不是太多了呢
我们的心如果不改变
还会有更多的物种
即将一个个在我们眼前消失
这是我们想看到的未来吗？
拯救绿孔雀
拯救被我们破坏的生态
拯救我们的心

截至本书完成
经过大家的共同努力
影响该栖息地的主要开发工程
已经暂停并会重新进行环境评估

所有的一切也都会因为你的努力和爱
变得越来越美好
二维码是相关信息及更新报道

李李说

每年的今天
我都会画些什么
以前我总说
这是画给爸爸的
现在才发现
这些小小的画
都在不断地温暖和鼓励着我自己
其实
已经离开了20多年的爸爸
是在用他的方式
教我成长
给我勇气

也真心感谢
用无私的爱
支持和鼓励我的每一位
感恩一切
感恩遇见你

兔兔说

不管你有没有感受到
我们就是这样幸运
被无形的爱
暖暖地保护着

感恩自然
感恩你

李莹 2017.5.28

2017年6月8日　星期四　心情

全世界有800多种寄居蟹
它们会重复利用贝壳居住
但是现在海洋"受伤"了
贝类和寄居蟹
海洋里的所有生物及海边的生物
包括每一个看到这幅画的你
都受到了巨大的影响
我不止一次看到这样背着塑料瓶盖的寄居蟹
从它们的身上
可以看到我们往大自然扔了多少垃圾
有人说
盖子看起来和贝壳差不多啊
但是贝壳的螺纹构造可以让寄居蟹的尾板勾住
遇到敌人攻击的时候
它们就缩回贝壳用最大的螯挡住洞口
但是住在垃圾里的寄居蟹遇到攻击时只能离家逃窜
没有壳的它们在危险来临时
几乎只有死路一条

今天是"世界海洋日"
今年的主题是"我们的海洋　我们的未来"
是的
我们的未来
不管是寄居蟹
还是之前画过的父母被塑料袋"杀死"的小海龟
都和我们一样想要好好活着
从今天起
从每一件小事做起
减少使用不可短期降解的一次性制品
减少使用会伤害自然的洗护产品
多用手帕
少肉多素
我希望每天都是海洋日
感恩海洋
感恩自然
感恩你

走千里青藏线，做高原绿使者

青藏绿色驿站示意图

མཚོ་བོད་ལྗང་མདོག་ཚུགས་ཀྱི་དོན་ཚན་རི་མོ།

2017 年 7 月 13 日　星期四　心情 ☀

兔兔说

4年前
我有幸为保护站设计和制作
"带走一袋垃圾"项目的指示牌
希望能有更多经过青藏线的自驾车主们
帮我们带走一袋草原上的垃圾
也希望垃圾的产生越来越少
真正呵护长江源头
改善我们和自然的关系
而今年
我画了这一幅特别的地图
是的
经过绿色江河几百名志愿者的共同努力
青藏线上的绿色驿站今天开始运作啦
它集垃圾分类回收和环保教育为一体
还为过路者免费提供热水等
希望我们的努力
让青藏线更美
也让更多人开始重新认识我们和自然的关系

多尔曲河滩

梦措

安多驿
4695

错那湖

安多县

怒江

纳木措

那曲驿
4470

措那湖驿
4800

羊八井驿
4268

念青

唐古

拉

山

脉

G109

那曲地区

雅鲁藏布江

当雄县

拉萨河

当雄驿
4277

怒江

拉萨驿
3647

拉萨

古露驿
4685

山南地区

李李说

每个人可能都希望自己的房间
清新、舒适、干净、整洁
至少不会满是垃圾
但是我们就习惯把这些不想看到的垃圾
扔到楼下、街上和大自然里
走出你的房间之后
这个给你阳光、空气和雨露的自然
难道就不是你的家吗？
我们一直在说
保护环境
保护动物
其实环境和动物原本不需要我们保护
我们不去伤害它们就好了
但是目前看来
真的有点难

我们不停地消费、购买、丢弃
好在我们也常说要心怀感恩
那自然给了我们那么多
我们也应该好好对它
不是吗？

我们常说要有爱心
动物在这方面真的和我们不一样
它们看起来很脆弱
似乎环境一遭到破坏它们就要濒临灭绝
但是我觉得这一切
可能和我们想的不一样
因为环境的变化
需要地球上的众生一起来承担
它们如果不改变
就会影响到其他生物的生存
所以
当地球上可使用的资源变少的时候
它们采取的行动
往往是自我消逝
以让出更多宝贵的资源

我们不应该感谢它们吗？
我们不应该好好保护这些善良的生命吗？

2017 年 7 月 20 日　星期四　心情

兔兔说

一位善待动物组织的调查员
之前走访了10家马戏团和训练机构
记录了糟糕的情况和动物承受的痛苦
熊是该产业中被虐待得最严重的动物之一
被马戏团和路边表演所利用时
还是幼崽的熊就被从它们的母亲身边带走
它们这时通常只有4—6个月大
要训练这些被吓坏的
心理受到创伤的小熊
第一步便是强迫它们用后腿站立
它们被短链拴住脖子固定在墙上
然后被迫站起来
据一些马戏团的工作人员所述
这样的训练每天要进行数小时
如果熊不能坚持
就有窒息或被勒死的风险
除了被迫直立行走
还会被迫打拳击、跳绳、吹号、举重物
如此不自然的行为
使很多熊患上了痛苦的关节病
但它们几乎得不到兽医的照料

李李说

看了这篇调查文章
我设计了两款T恤
扣除给厂家的制作成本
所有收入全部给了善待动物组织
用来帮助改变这些表演动物的命运

不看动物表演
就是帮助动物
免受训练带来的虐待和伤害
我们代表动物们感谢你
让这件有爱的小熊T恤
代替小熊拥抱你

扫码关注更多资讯

211

2017 年 11 月 3 日　星期五　心情 ☀

兔兔说

是呢
我10岁啦
我为我自己不只是一个
单纯卖萌的卡通形象而自豪
为从不鼓励和赞叹丑恶
没有把时间浪费在无意义的搞笑上
而开心满足
我为我所有的产品
都没有动物制品
也没有塑料包装而骄傲
我为阿拉兔所有产品的收入
都用于保护动物、保护环境
和其他需要帮助的项目
而感到由衷的幸福
我每一次出现在你面前
都是想要传递善良、美好和温暖
想要带给你更多的爱

是的
我存在的意义
就是为了
温暖你

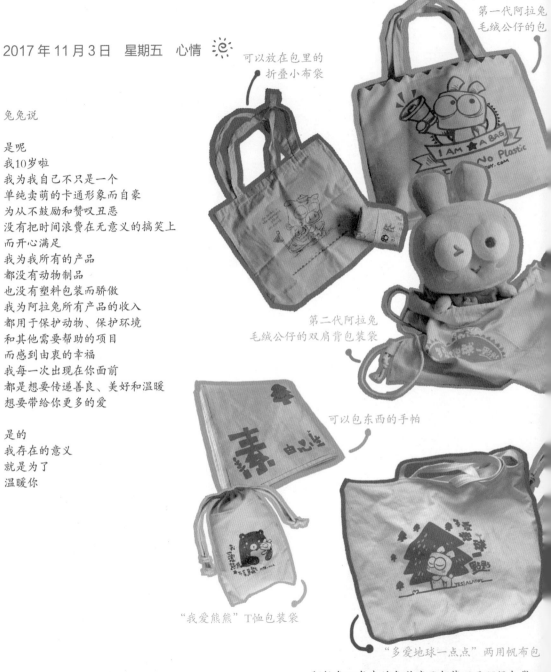

第一代阿拉兔
毛绒公仔的包

可以放在包里的
折叠小布袋

第二代阿拉兔
毛绒公仔的双肩背包装袋

可以包东西的手帕

"我爱熊熊"T恤包装袋

"多爱地球一点点"两用帆布包

阿拉兔10年来的各种产品包装以及环保包袋

第一代T恤包装袋

第二代T恤包装袋

阿拉兔T恤包装

"我就是吃素的"单肩包

"我就是吃素的"两用帆布包

李李说

真心感恩有这样一只小兔子
和这样的你们陪伴我成长
10年来
从对动物的一线救助
到用自己的美术特长宣传和倡导
我都尽心尽力
不仅仅是眼前所能看到的这些动物
还有很多其他的动物也需要你的帮助
但这要从伤害它们的原因入手
环境问题也是一样

我努力画画
做环保雕塑和产品
产品的收入用来支持这些项目
所有的产品不用伤害动物的皮毛制品
不用严重破坏环境的化学染色方法
连包装形式都是让我安心和自豪的
我设计和制作的每一件产品
都不用一次性塑料包装
而且经常制作不同大小和不同质地的布袋
甚至用手帕来包装产品
希望拿到阿拉兔产品的每一个人
都能循环使用这些对环境友好的包装
减少对一次性塑料制品的依赖
对自然表达你的爱和感恩
虽然看起来只是非常微小的力量
但当你改变你的心
你看到的世界就会不一样
我真的发现
越来越多的人开始加入
减少废弃品和零垃圾的生活方式
也看到越来越多的天使们在行动
感恩你们陪我一起成长
是的
当你成为天使
你看到的每一个人
都是天使

写给亲爱的你们（代后记）

和很多爱画画的小孩子一样
我从小除了用绘画表达自己
其他的真的不擅长
甚至不愿跟陌生人沟通
但是在画画的时候
一切紧张和烦恼都不见了
非常开心自在
安心和满足

虽然其他能力上有明显缺陷
比如对数字和方向都极不敏感
但是艺术特长还是支撑着我一路走来
在父亲去世后
绘画能力还帮我和妈妈一起渡过了一次又一次的难关

十年前的生日那天
我画了这样一只小兔子给自己
也就是你们所熟知的阿拉兔
我们一起成长
一起经历困惑和磨难

十年了
阿拉兔的每一个出现
都代表我
在用真心表达美好和爱
在用画笔帮助越来越多的生命
阿拉兔的所有周边产品
也都是如此
为各个需要帮助的公益机构服务
也为需要帮助的生命以及环境服务

这只傻乎乎的阿拉兔
让这十年变得非常有意义
也改变了我
改变了我和周围的一切关系

希望阿拉兔带着这暖暖的绘本
来到你的身边
温暖你

不知道看到这里
你有没有感受到我和阿拉兔的心意
这本沉甸甸的成长日志
从一开始筹备出版
我就傻傻又执着地给了自己很多很多压力
真是无数次从心底里感激我可爱的编辑苏靖
每次卡住进度的时候我都在想
如果不是她
可能我的这个绘本就完成不了了
等这样一本书稿的精力和时间
可能其他编辑已经完成好几本了吧
感谢这么多年来努力在第一线付出的各个公益机构
正是因为你们
才给了我可以服务的机会
也给我无限的鼓励和榜样
还有好朋友胡歌
一开始请他写推荐序的时候我根本没抱希望
虽然我们不是明星和粉丝的关系
但不能否定他是个超级忙的公众人物
那时他正忙着演话剧和拍广告
我原本以为一两句就已经很好了
没想到他在发来一大段非常用心的文字后
还担心有没有耽误我
并为排版出了很多主意
有这样真诚、贴心又温暖的伙伴一起前行
我真的太幸运了
还有我可爱的老师、朋友、同事和学生们
所有喜欢和支持阿拉兔的每一个你
无论发生什么都默默支持我的妈妈
以及虽然早早离开我
却用他的方式陪伴我和教我成长的爸爸
感恩有你们
我才能如此有动力和信心

这本十周年绘本中的所有日志
基本都来自我带着阿拉兔积极参与
各个非常有意义的公益项目的记录
"兔兔说"的部分是阿拉兔直接参与或亲历项目的讲述
然后配以"李李说"
补充了作为作者的我的心理变化和成长
也欢迎大家给我写来"你们说"
不过因为是日志的形式
所以就略去了目录
希望十年来跌跌撞撞的成长过程
能给你带来些许正面的鼓励
也为我因表达能力有限而出现的所有不足表达歉意
希望我们能继续一起成长
用自己小小的能量
温暖这个世界

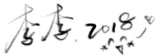

图书在版编目（CIP）数据

和你在一起 / 韩李李著. —上海：上海世界图书
出版公司，2019.1
ISBN 978-7-5192-4692-1

Ⅰ. ① 和… Ⅱ. ① 韩… Ⅲ. ① 环境保护—普及读
物 Ⅳ. ① X-49

中国版本图书馆 CIP 数据核字（2018）第 120603 号

书　　名	和你在一起	
	He Ni Zai Yiqi	
著　　者	韩李李	
责任编辑	苏　靖	
出版发行	上海世界图书出版公司	
地　　址	上海市广中路88号9-10楼	
邮　　编	200083	
网　　址	http://www.wpcsh.com	
经　　销	新华书店	
印　　刷	上海锦佳印刷有限公司	
开　　本	889 mm × 1194 mm　1/24	
印　　张	9	
字　　数	120千字	
版　　次	2019年1月第1版　2019年1月第1次印刷	
书　　号	ISBN　978-7-5192-4692-1/X・3	
定　　价	58.00元	